油气储运企业高风险作业安全检查系列丛书

吊篮使用与安全检查

国家管网集团东部原油储运有限公司　组织编写

中国石化出版社

图书在版编目（CIP）数据

吊篮使用与安全检查 / 国家管网集团东部原油储运有限公司组织编写 . — 北京：中国石化出版社，2022.10
（油气储运企业高风险作业安全检查系列丛书）
ISBN 978-7-5114-6797-3

Ⅰ. ①吊… Ⅱ. ①国… Ⅲ. ①石油与天然气储运 – 高空作业 – 安全检查 – 技术培训 – 教材 Ⅳ. ① TE88

中国版本图书馆 CIP 数据核字（2022）第 155892 号

中国石化出版社出版发行
地址：北京市东城区安定门外大街 58 号
邮编：100011　电话：（010）57512500
发行部电话：（010）57512575
http：//www.sinopec-press.com
E-mail：press@sinopec.com
北京富泰印刷有限责任公司印刷
全国各地新华书店经销
*
787×1092 毫米 32 开本 1.25 印张 22 千字
2023 年 9 月第 1 版　2023 年 9 月第 1 次印刷
定价：18.00 元

《油气储运企业高风险作业安全检查系列丛书》

编委会

《吊篮使用与安全检查》

编审人员

主　编： 王兢兢　徐　岩　崔志伟

审　核： 韩　今　刘英剑

前言

吊篮是指悬挂机构架设于建筑物或构筑物上，利用提升机驱动，通过钢丝绳沿立面运行的一种非常设型悬挂作业平台设备。

在油气储运企业，此设备广泛应用于储油罐建设、维修、清洗、除锈等高处施工作业中。为了规范吊篮的使用及安装拆除过程，确保施工安全，统一现场监护人员认识，国家管网集团东部原油储运有限公司根据 GB 19155—2017《高处作业吊篮》、JGJ 202—2010《建筑施工工具式脚手架安全技术规范》及《国家管网集团作业许可安全管理细则》等相关标准和企业制度及现场情况组织业内专家编写了本书，以便对吊篮的安装、使用、拆除等环节进行标准化、规范化管理提供参考。

本书适用于油气储运企业工程建设、监理、承包商从事吊篮的相应管理工作人员参考，也适用于各级安全监督部门、专业安全管理部门及施工单位对施工现场的监督和检查人员参考。

目 录

第一章 资料审核

（1）高处作业吊篮（整机）合格证。

产品合格证

产品型号: YEJ90L4-1.5KW

执行标准: GB19155-2003

生产日期: 2008年 4月2 0日

产品编号: 7798

检验员(盖章):

(此证无检验员盖章无效)

天

（2）高处作业吊篮的出厂型式试验报告（有效期2年）。

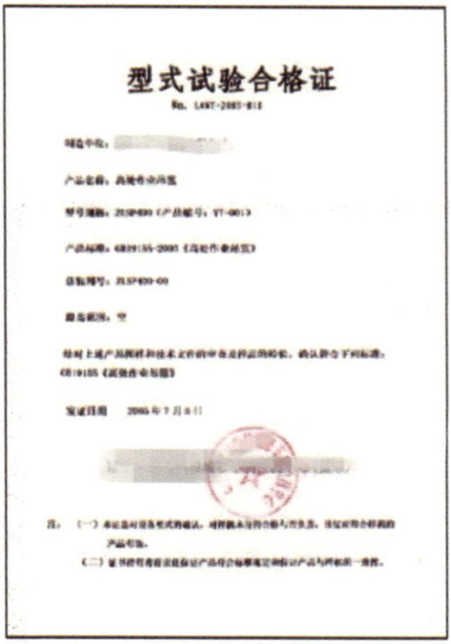
型式试验合格证

高处作业吊篮型式试验合格证

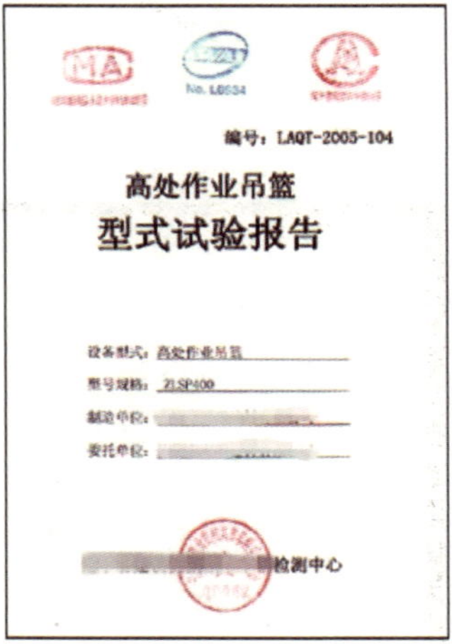
编号：LAQT-2005-104

高处作业吊篮

型式试验报告

设备型式：高处作业吊篮

型号规格：ZLSP400

制造单位：

委托单位：

检测中心

高处作业吊篮型式试验报告

（3）每次安装拆卸吊篮前，吊篮安装拆卸人员应持有建设行政主管部门颁发的“建筑施工特种作业操作资格证”。

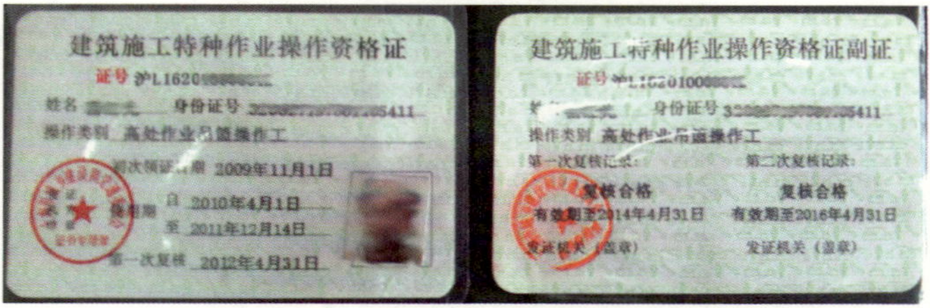

（4）高处作业吊篮用钢丝绳合格证明或检验报告。

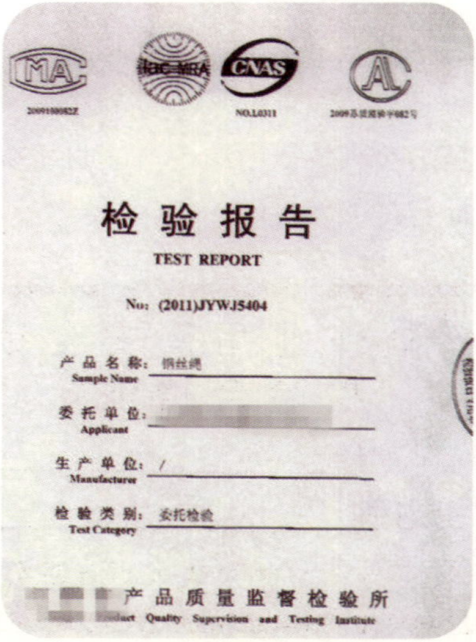
CNAS

NO.L0311

检验报告

TEST REPORT

No：(2011)JYWJ5404

产品名称：钢丝绳
Sample Name

委托单位：
Applicant

生产单位：/
Manufacturer

检验类别：委托检验
Test Category

产品质量监督检验所
Product Quality Supervision and Testing Institute

（5）高处作业用安全绳检验报告。

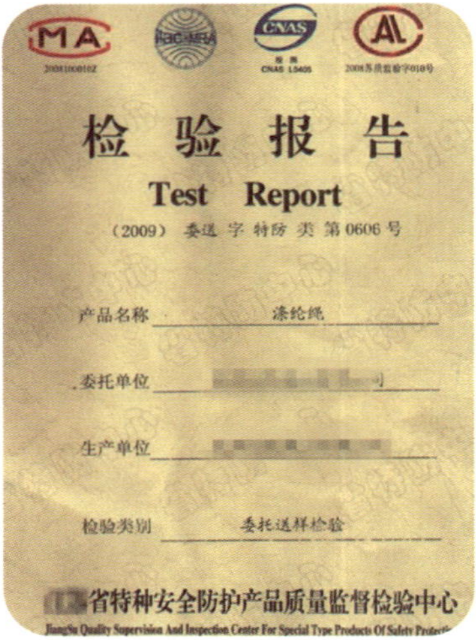
检　验　报　告

Test　Report

（2009）委送 字 特防 类 第0606号

产品名称　涤纶绳

委托单位　[illegible]司

生产单位　[illegible]

检验类别　委托送样检验

[illegible]省特种安全防护产品质量监督检验中心

JiangSu Quality Supervision And Inspection Center For Special Type Products Of Safety Protecti

（6）安全锁在有效期内的校验证明。新出厂的安全锁自出厂之日起在 12 个月之内有效。

高处作业吊篮安全锁

检验合格证

编　　号：18122

有效日期：2014/10

[illegible]检测中心有限公司

（7）安全带应该高挂低用，双钩 5 点式，安全绳的长度限制在 1.5~2.0m，安全带在有效期内，使用 2 年以上应抽检一次。使用前检查产品合格证或检验报告。

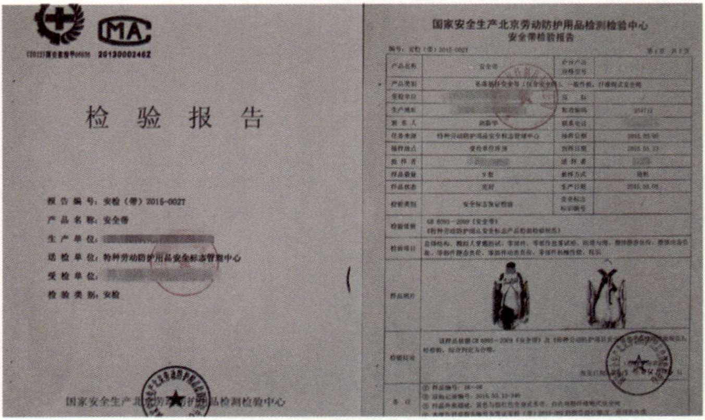

2013000246Z

检　验　报　告

报告编号：安检（带）2015-0027
产品名称：安全带
生产单位：
送检单位：特种劳动防护用品安全标志管理中心
受检单位：
检验类别：安检

国家安全生产北京劳动防护用品检测检验中心

国家安全生产北京劳动防护用品检测检验中心
安全带检验报告

第二章 吊篮的安装与使用

（1）在吊篮安装、使用、拆卸时，应在吊篮下方坠落范围外进行有效围挡，设置警戒区，并安排专人监护，禁止无关人员进入。

（2）在吊篮安装前，应依据装箱单清点各零部件的数量。

（3）停用 5 日以上的吊篮，在使用前应当重新进行验收，验收合格后方可重新使用。

（4）电动吊篮应设专用分配电箱配电，其电源电缆线应规范敷设。电动吊篮自带控制箱的，可视作专用开关箱。

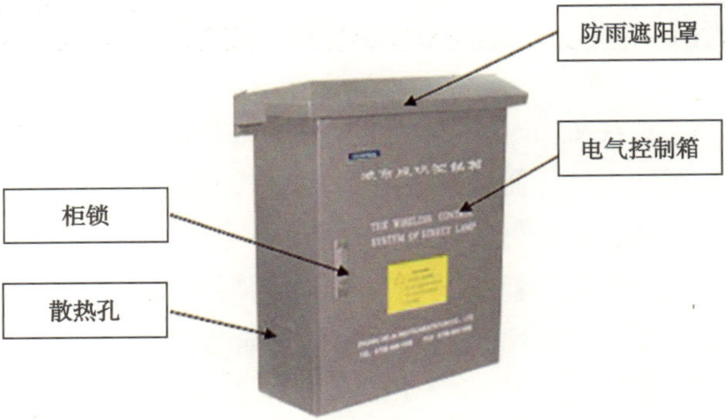

控制箱外形

（5）配电箱要有防雨措施，应便于操作，不得影响人员作业，外挂于外侧护栏上部中间位置为宜，且控制开关、急停开关、指示灯应朝向内侧。

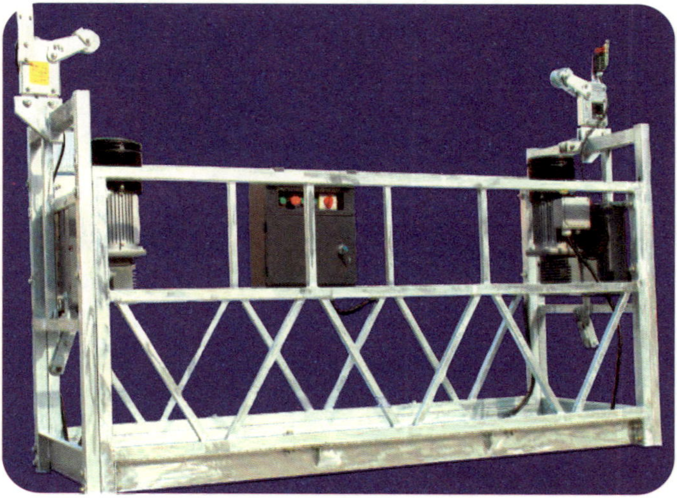

（6）高处作业吊篮应由悬挑（挂）装置、吊篮平台、提升机构、防坠落机构、电气控制系统、钢丝绳和配套附件、连接件等部件构成。

高处作业吊篮组装前应确认结构件、紧固件已经配套且完好，其规格型号和质量应符合设计要求。

吊篮安装完毕后要组织人员依据 JGJ 202—2010 对吊篮进行验收检查。

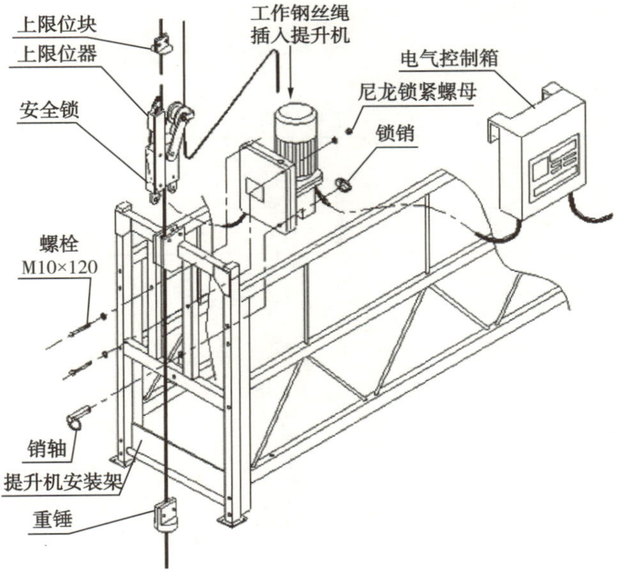

ZLP800A、ZLP630、ZLP500吊篮提升机、
安全锁、电气控制箱、上限位器、重锤安装示意图

（7）施工作业时，严禁超过吊篮的额定载荷。作业时，吊篮下方严禁站人，严禁交叉作业。

额定载荷是指产品在使用中所允许的承载范围，只有在额定载荷的范围内使用，才属于安全操作。不同型号的吊篮，额定载荷不同，应在悬吊平台护栏处标识。依据 GB 19155—2017《高处作业吊篮》，吊篮相关参数及型号如下：

①主参数及其系列

吊篮的主参数用额定载质量表示，主参数系列见下表。

主参数系列 单位：kg

主参数	主参数系列
额定载质量	120、150、200、250、300、400、500、630、800、1000、1250、1500、2000、3000

②型号

吊篮型号由悬吊平台结构层数、类代号、组代号、型式代号、特性代号、主参数代号和更新变型代号组成。

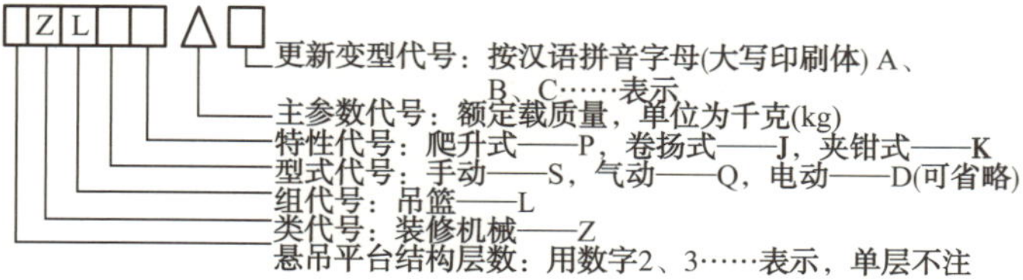

（8）吊篮安装和使用时，操作人员必须为两人；不允许单独一人进行作业。当突然停电时，可两人分别操作手动松机装置，以安全落地。

（9）遇雷、雨、大风（阵风 5 级以上）天气不得使用吊篮，应停置地面。

（10）当吊篮做升降运行时，工作平台两端高差不得超过 15cm，当工作平台两侧高差超过 15cm 时应及时将工作平台调平。

（11）电动吊篮内应有手动下降滑轮，下降速度不超过吊篮额定速度的 1.5 倍。

在手动滑降过程中，当发生断电时，应关闭电源开关。

将电机上方风罩内制动器拨叉的拨杆向上抬起。

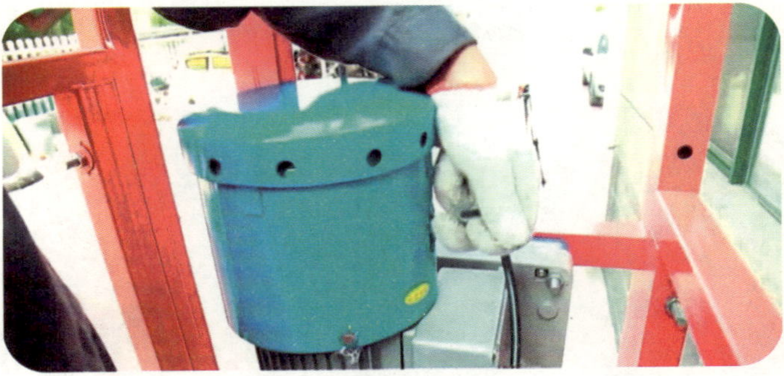

应两端同时操作滑降，使工作平台基本保持水平状态。

（12）在雨天作业、进行喷涂作业或使用腐蚀性液体进行清洗作业时，应对吊篮的提升机、安全锁、电气控制箱采取防污染保护措施。下班后切断电源并将吊篮放置地面。

（13）钢丝绳必须安装重锤（坠铁或坠块）。坠块距离地面 15cm，并用钢丝绳卡固定。

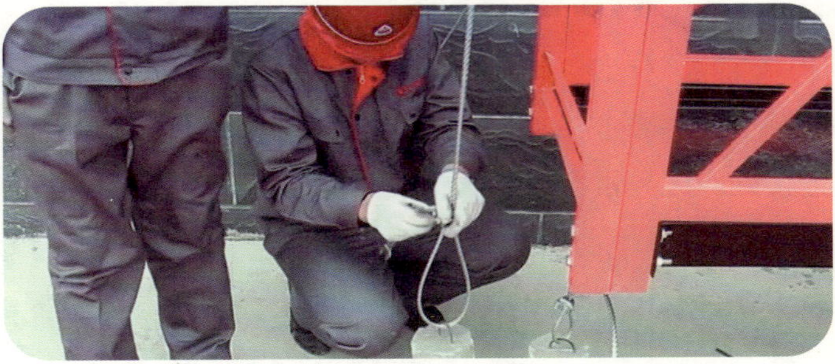

在钢丝绳上距离地面15cm处安装重锤

（14）吊篮安装完毕，每日工作前必须进行空载起升试运，离地间距不超过 1m。

将悬吊平台升离地面不超过1m处

第三章 吊篮各部位检查

（1）查看工作平台、提升机。提升机与工作平台的连接处应无异常磨损、腐蚀、表面裂缝、连接松脱、脱焊等现象。

（2）钢丝绳固定正常，钢丝绳无过度磨损、断裂等异常现象，达到报废标准的钢丝绳必须更换，钢丝绳下端悬吊的重锤安装正常。

①钢丝绳应无异常磨损、腐蚀、表面裂缝。

钢丝绳应无异常磨损、腐蚀、表面裂缝。

②被挤压的钢丝绳已经泛起钢丝的毛刺，不能再使用。

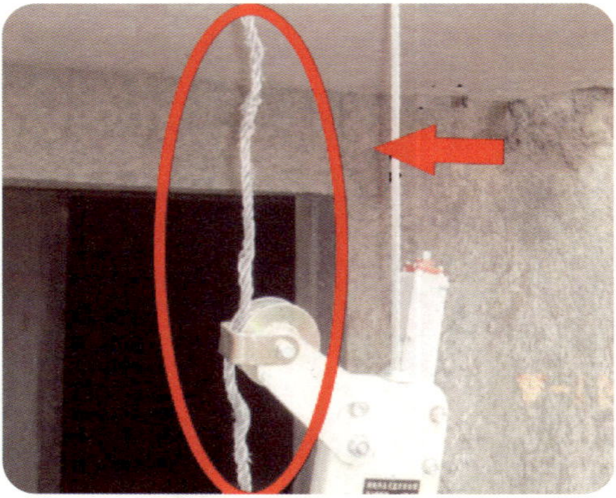

（3）电气控制箱、电缆、控制按钮、插头应完好，上限位器、手握开关等应灵活可靠，漏电保护器试验灵活可靠。

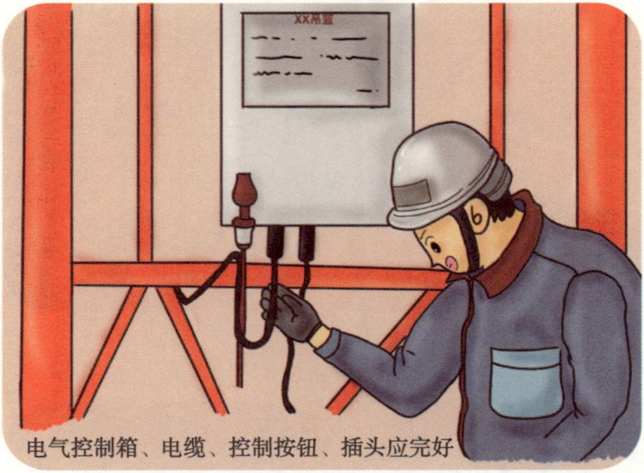

电气控制箱、电缆、控制按钮、插头应完好

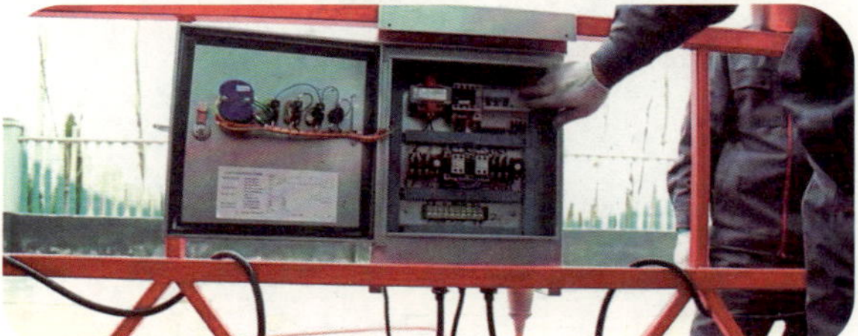

对漏电保护器进行试验

（4）行程限位器灵活可靠，无锈蚀卡顿现象。

合规行程限位器

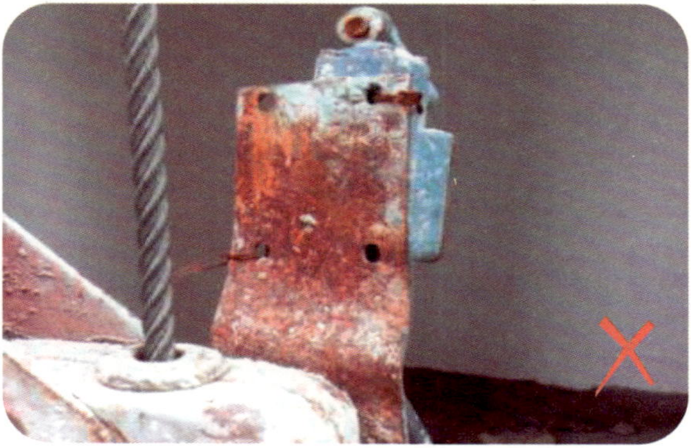

不合规行程限位器

第四章 吊篮安全保护装置检查

一、安全锁

吊篮的安全锁，必须按照国家标准规范的规定，送具有相应资质的检测机构或原生产厂家校验，合格后方可使用。校验的有效期限不大于 1 年。新出厂有合格证的安全锁，以合格证标明的生产日期起 1 年之内认为合格有效。

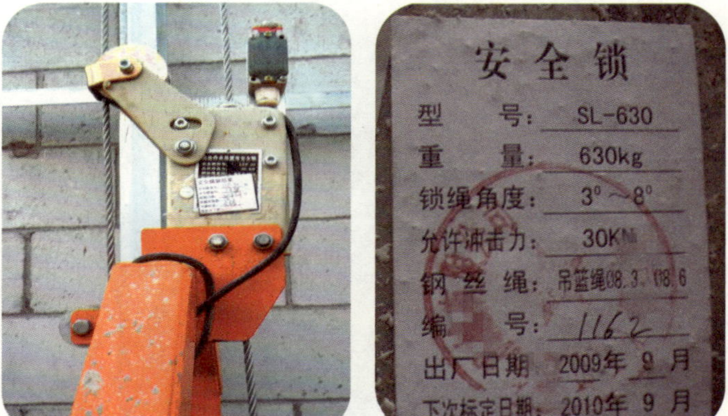

安全锁校验标识清晰，使用时间符合要求

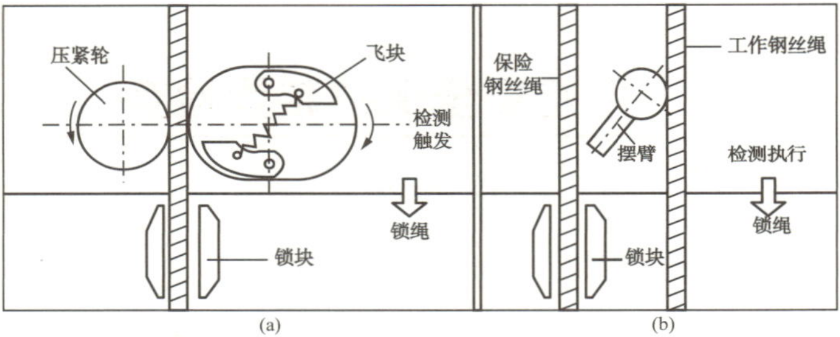

安全锁工作原理图

二、限位器

1. 限位器作用

限位器起限位作用，即当平台达到行程终点时能切断相应回路的电源，并使制动器作用，从而使其不会超越行程而继续上升。

限位器

2. 行程限位

吊篮必须装有上限位器以防止吊篮平台上升到端点超出行程的范围，行程限位装置的安装方式须是以吊篮平台自身直接去触动，上限位挡板装在距悬挑点下0.8m处。

限位挡板

注意：限位器与限位挡板要同时使用，限位挡板要安装正确。

三、安全绳

吊篮内操作人员应当配备独立于悬吊平台的安全绳及安全带或其他安全装置，安全带与安全绳应通过锁绳器连接。

安全绳应当固定于有足够强度的建筑物结构上，严禁安全绳接长使用，严禁将安全绳、安全带直接固定在吊篮结构上。

吊篮必须使用独立的安全绳，绳径不小于16mm，安全绳应配合自锁器使用，必须悬挂坠铁。自锁器直径应与安全绳直径配套。安全绳应固定在建筑物可靠位置上，不得与吊篮上任何部位有连接。

锁绳器

安全绳坠铁

四、手动缓降器

吊篮必须设有手动滑降装置。在断电时使悬吊平台平稳下降，在减速机不卡绳、工作人员系安全绳的情况下，可以扳动制动器进行手动制动来下降电动吊篮。吊篮制动器必须在不大于 100mm 制动距离内停止运行。

缓降器

两人同时操作缓降

五、钢丝绳

钢丝绳是由若干个股围绕绳芯（金属芯或纤维芯），按一定的工艺捻制而成，股是由若干根钢丝与股芯（中心钢丝或纤维芯）捻制而成。对其要求如下：

（1）必须使用说明书中规定的钢丝绳，使用后每月至少检查两次。

（2）钢丝绳固定处有鸡心环，绳卡不少于四个，最后一个绳卡设安全弯，下设钢丝绳坠重应距地 15cm 垂直绷紧。

（3）钢丝绳绳卡应参照下图图示使用。

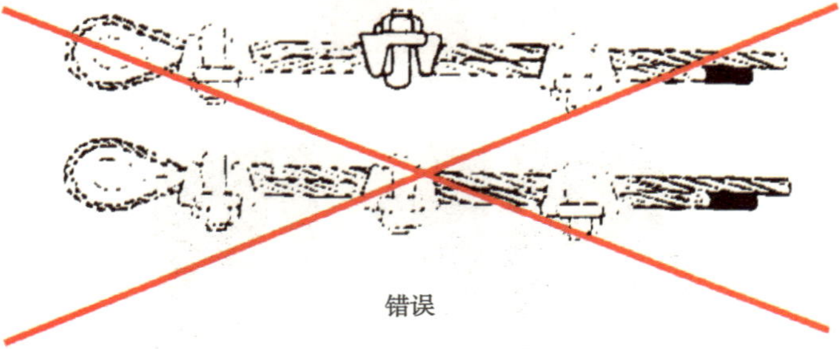

错误

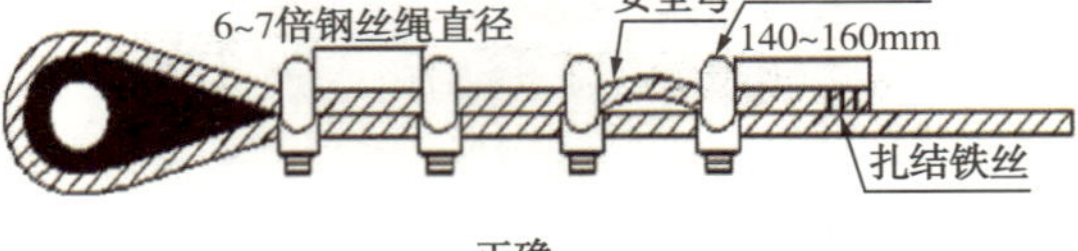

正确

（4）钢丝绳报废应符合 GB/T 5972—2016《起重机 钢丝绳 保养、维护、检验和报废》的规定，出现下列情况之一者必须立即报废：

①钢丝绳在一个捻距内，断丝数达到了规定的数量要报废。断丝数的多少因钢丝绳构造、捻向不同而有所区别（可按经验交互捻钢丝绳断丝数达到总数的 10%，同向捻钢丝绳断丝数达到总数的 5%）。

②断丝局部聚集。当断丝聚集在小于 6*d*（*d* 为钢丝绳公称直径）的绳长范围内，或集中在任一绳股内，即使断丝数小于上述断丝数值，也应报废。

③钢丝绳出现拧扭死结、死压扁、明显股松、波浪股、起包、钢丝外飞、绳芯挤出以及破股等现象。

④钢丝绳直径减少 7%。

⑤表面钢丝磨损或腐蚀程度达到表面钢丝直径的 40% 以上，钢丝绳明显变硬。

六、电气系统

（1）电气系统中的元件均应排列整齐，连接牢固，安装在电气控制箱内绝缘板上，必须保证与电气控制箱外壳绝缘。其电阻值不得小于 0.5MΩ。

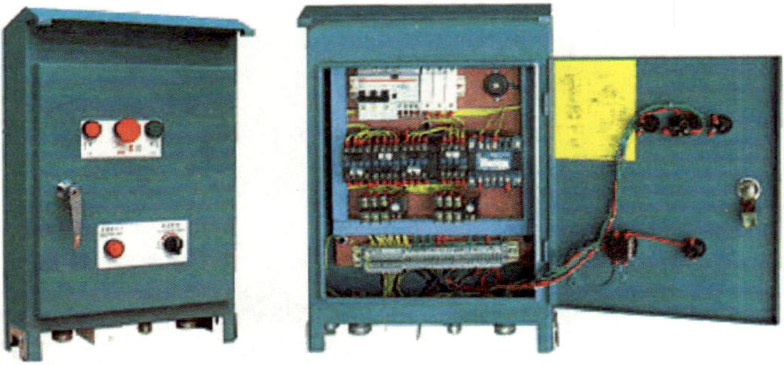

（2）吊篮的电源电缆线应有保护措施，固定在设备上，防止插头接线受力，引起断路、短路。

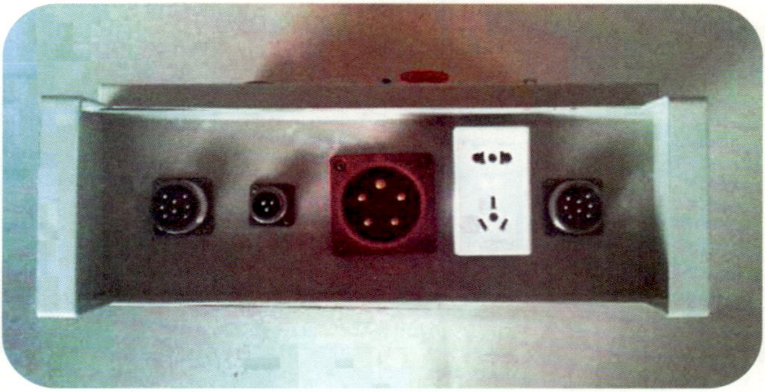

（3）电气控制箱的防水、防尘措施要可靠。电气控制箱门应有锁。使用结束，关闭电源开关，锁好电气控制箱。

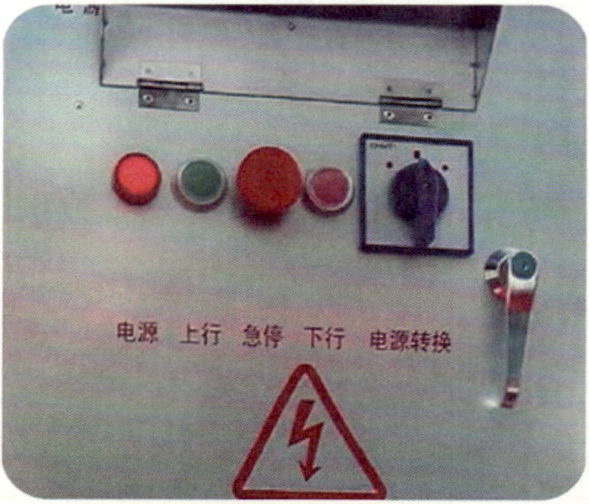

附录 高处作业吊篮使用验收表

本表摘自 JGJ 202—2010《建筑施工工具式脚手架安全技术规范》。

高处作业吊篮使用验收表

工程名称		设备型号	编号：
总包单位		项目负责人	
使用单位		额定载荷	
租赁单位		安全锁编号	—
统一编号		提升机编号	—
标定日期		验收日期	
检查项目			检查结果
技术资料	经过验收合格的施工机械安装验收表（电动吊篮）		
	施工技术方案已通过施工总包单位审批程序		
	已编制电动吊篮使用人员的安全技术交底		
	电动吊篮及关键部件产品合格证		
	产品标牌内容（产品名称、主要技术性能、制造日期、出厂编号、制造厂名称）是否齐全		

续表

吊篮悬挂机构的横梁	前支架至吊点长度是否小于方案的计算值	
	后支架至前支架长度是否大于方案的计算值	
	调节横梁长度的销钉是否牢固可靠	
建筑结构承受吊篮悬挂机构支架的能力	支承前支架的建筑结构承载能力	
	支承后支架的建筑结构承载能力	
	后支架为拉结形式时，建筑结构的承载能力	
试运行检验安全装置	上、下行程限位装置是否灵敏可靠	
	超高限位器止挡安装在距顶端80cm 处固定	
	安全锁灵敏可靠，在标定有效期内，离心触发式制动距离100mm，摆臂防倾 3°~8°	
	独立设置保险绳，直径不小于16mm 的锦纶绳，锁绳器符合要求，与结构固定点连接可靠	
钢丝绳	提升状态，钢丝绳安全系数符合要求	
	工作状态安全系数符合要求	
	钢丝绳的固定是否符合要求	

续表

<table>
<tr><td rowspan="3">悬挂机构</td><td colspan="3">配重应固定牢固，对称放置相同质量及块数____（是否符合要求）</td><td rowspan="2"></td></tr>
<tr><td colspan="3">木方垫前支撑架，使行走轮脱离地面</td></tr>
<tr><td colspan="3">悬挂机构前高后低设置，纤绳张紧度为前端上翘 20~30mm，抗倾覆系数符合安全使用要求____（＞2）</td><td></td></tr>
<tr><td rowspan="4">电气系统</td><td colspan="3">电闸箱必须按一机、一闸、一漏设置</td><td rowspan="4"></td></tr>
<tr><td colspan="3">电缆收放自如，无障碍，无破损，供电电压（380 ± 10%）V</td></tr>
<tr><td colspan="3">电气系统各种安全保护装置是否齐全、可靠</td></tr>
<tr><td colspan="3">电动机工作状态正常，电力控制器件灵敏可靠</td></tr>
<tr><td colspan="5">验收结论</td></tr>
<tr><td rowspan="2">验收人签字</td><td>总包单位</td><td>分包单位</td><td>租赁单位</td><td>安装单位</td></tr>
<tr><td></td><td></td><td></td><td></td></tr>
<tr><td>监理单位验收:</td><td colspan="4"></td></tr>
<tr><td colspan="5">符合验收程序，同意使用（　）
不符合验收程序，重新组织验收（　）</td></tr>
<tr><td colspan="5">监理工程师（签字）：　　　　年　月　日</td></tr>
</table>

注：本表由施工单位填报，监理单位、施工单位、租赁单位、拆装单位各存一份。